Thomas Starkmann

Erlebnis Ems

Aschendorff Verlag

„Wer den Weg nicht kennt, auf dem er zum Meer gelangen kann, der sollte sich einen Fluss als Begleiter suchen.“

Titus Maccius Plautus (römischer Dichter, um 200 v. Chr.)

Über dieses Buch

Die Inhalte dieses Buches wurden erarbeitet im Rahmen des Projekts „Ein grüner Stern für den Emsradweg in NRW“, das vom Land Nordrhein-Westfalen und der EU gefördert wurde. Die NRW-Stiftung unterstützte den Druck.

Projektträger war die Biologische Station Kreis Steinfurt e.V. in Zusammenarbeit der NABU-Naturschutzstation Münsterland e.V. , der Biologischen Station Gütersloh/Bielefeld e.V, der Biologischen Station Kreis Paderborn-Senne e.V. und der Fachhochschule Münster.

Der Autor: Thomas Starkmann ist Mitarbeiter der Biologischen Station Kreis Steinfurt e.V.

ISBN 978-3-402-13061-2

Die Mitarbeiter der beteiligten Biologischen Stationen betreuen seit vielen Jahren die Schutzgebiete entlang der Ems in Nordrhein-Westfalen. Auf ihrem Wissen und ihren langjährigen Erfahrungen basieren die Texte in diesem Buch.

Der Dank geht nicht zuletzt an die vielen Fotografen, deren hervorragende „Bilder einer Auenlandschaft“ wesentlich zu diesem Buch beigetragen haben. Für die schöne Gestaltung der Seiten sind Andrea Blauensteiner und Monika Groß-Weege verantwortlich.

NRW-STIFTUNG
NATUR · HEIMAT · KULTUR

Aschendorff Verlag

ein grüner Stern für den EmsRadweg

Inhalt

Von der Quelle bis zum Kloster

Emsansichten in Westfalen

371 Kilometer lang ist die Ems. Die ersten 156 davon, also deutlich weniger als die Hälfte, fließt sie durch Nordrhein-Westfalen, den restlichen Weg zur Nordsee legt sie in Niedersachsen zurück.
In Westfalen wandelt sich die Ems von einem Bach zum Fluss, angefangen bei der Quelle in der Senne bis zum Kloster Bentlage bei Rheine. Und auch wenn der Mensch versucht hat, der Ems ihre Vielfalt und Dynamik zu nehmen – sie bleibt ein Fluss mit vielen Gesichtern.

Sandgeboren

Die Emsquelle in der Senne

Quellen waren und sind immer besondere Orte gewesen. Mit aufwendigen Brunnenbauwerken verehrten schon die Römer ihre Wassergötter. An der Emsquelle geht es profaner zu. Und ziemlich unspektakulär. Viele kleine Rinnsale vereinigen sich und machen sich auf den 371 Kilometer langen Weg zum Dollart. Der Besucher kann von einem Steg aus die ersten Meter der Ems verfolgen.

Der Blick unter die Wasseroberfläche verrät: Die Ems ist aus Sand geboren. Sand begleitet sie praktisch auf ihrem gesamten Lauf bis zur Nordsee. Eine Besonderheit, die unter den Flüssen Mitteleuropas einmalig ist.

Senner Pferde

Naturschutzgebiet Moosheide in der Senne

Nicht nur die Ems ist einmalig, sondern auch die Landschaft, in der sie entspringt. Die Senne entstand vor 200.000 Jahren, als Gletscher vor dem Teutoburger Wald erst zum Stehen kamen und dann den Rückzug antraten – und dabei Sandmassen zurückließen, die bis 60 Meter mächtig sind. Das Mosaik aus Heide, Mooren, Magerrasen, Bachläufen und Wäldern macht die Senne heute zu einem einzigartigen Juwel des Naturschutzes.

Ob die Senner Pferde dies zu schätzen wissen? Zwischenzeitlich fast ausgestorben, streifen sie heute wieder halbwild durch die Senne wie schon vor 1000 Jahren – allerdings in einem bislang auf 20 Hektar begrenzten Areal direkt am Emsradweg.

Ems-Infozentrum

Abschnittsweiser Begleiter

Die Ems und ihr Radweg

Jagdschloss in Hövelhof

Das Ems-Infozentrum ist der eigentliche Startpunkt des Emsradweges, der den Fluss von hier bis zur Mündung begleitet. Oder auch nicht. Zwischendurch trennen sich die Wege von Ems und Radroute immer wieder. Doch ein gelegentliches Rendezvous kann bekanntlich viel spannender sein als ein ewiges Nebeneinander.

Ems und Lippe sind die bekanntesten der rund 30 Bäche, die in der Senne entspringen. Typisch sind in ihrem Oberlauf die Kastentäler mit einem ebenen Talboden und steilen Hängen. Als „Oasen im Sand" wurden sie früh als Grünland genutzt. Um den fruchtbaren Talraum zu vergrößern, stachen die Bauern sogar die Hänge ab. Das „Wiesenbrechen" sorgte andernorts für Ärger, denn die zusätzlichen Sandfrachten behinderten weiter flussabwärts den Lauf des Wassers.

Die noch junge Ems macht einen Bogen um Hövelhof, der Emsradweg geht mitten hindurch. So bleibt das Wahrzeichen der Stadt, das ehemalige Fürstbischöfliche Jagdschloss, den Radlern nicht vorenthalten.

Kastental eines Sennebaches

Test mit Folgen
Steinhorster Becken

Als in den 1970er Jahren zum Schutz vor Hochwasser für die Städte Rietberg und Rheda-Wiedenbrück an der Ems bei Steinhorst ein Rückhaltebecken eingedeicht wurde, dachte kaum jemand an Vögel oder Frösche. Doch Kiebitze, Krickenten und allerlei weitere Wasser- und Watvogelarten, die sich bei einem Probeanstau einfanden, brachten Naturschützer auf eine ebenso geniale wie folgenreiche Idee:

Blick vom Aussichtsturm

Warum die Ems nicht dauerhaft anstauen und das Becken in ein Mosaik aus flachen Wasserflächen, Inseln und Feuchtgrünland verwandeln? In vierjähriger Bauzeit wurde aus dem Traum Realität.
Seit 1990 finden Vögel, Frösche, Libellen und Pflanzen im Steinhorster Becken einen Lebensraum aus zweiter Hand vor.
Der Mensch kann Anteil an dieser Vielfalt nehmen. Der Deich, über den auch der Emsradweg führt, und Beobachtungshütten ermöglichen Naturerlebnisse par excellence.

Überlaufwehr der Ems

Die Becken aus der Vogelperspektive

Kopfbäume – typisch für die Rietberger Emsniederung

Europäisches Naturerbe direkt vor der Haustür

Die Ems bei Rietberg

Die Rietberger Emsniederung ist die Heimat vieler Wiesenvögel. Im Frühjahr begleiten die Triller des Großen Brachvogels die Fahrradfahrer. Der EmsRadweg führt hier direkt entlang der noch recht schmalen Ems.

Ihr Wasser speist auch die Rietberger Fischteiche rund um die ehemalige gräfliche Residenz direkt vor den Toren der Stadt. Die Fischzucht ist Vergangenheit, heute sind die Teiche Lebensraum für viele seltene Tiere und Pflanzen.

Emsniederung, Fischteiche und Steinhorster Becken bilden zusammen ein fast 1000 ha großes Vogelschutzgebiet und sind Teil des europäischen Naturerbes.

Großer Brachvogel

Mit den Naturschönheiten vor der Haustür kann Rietberg in puncto Stadtbild durchaus konkurrieren. Fachwerk ist hier das bestimmende Element.

Mit schönen Fachwerkgebäuden vor Augen lässt es sich in Rheda-Wiedenbrück gut Pause machen.

Emssee im Flora Westfalica-Park

Natur trifft Park

In Rheda-Wiedenbrück wagt man den Spagat zwischen Park und Natur: Die Flora Westfalica, ein ehemaliges Landesgartenschaugelände, verbindet als drei Kilometer langes Band entlang der Ems die Stadtteile Wiedenbrück und Rheda. Renaturierte Ems einerseits und Blumenrabatten andererseits kontrastieren in dem beliebten Naherholungsgebiet.

Herzstück des Parks ist das erstmals 1170 erwähnte Wasserschloss Rheda. Die Schlossmühle nutzte die Wasserkraft der Ems, um Korn zu mahlen und Öl aus Saaten zu pressen. Auf den Wiesen vor dem Schloss trockneten und bleichten die Bediensteten früher die Wäsche. In den ehemaligen Bleichwiesen wachsen heute Feuchtwiesenpflanzen wie das Wassergreiskraut und Kriechender Günsel.

Schlossmühle Rheda

Wassergreiskraut

Kriechender Günsel

Ems bei Greffen

Trügerische Idylle

Die Idylle trügt. Auf vielen Abschnitten ihres Oberlaufes wie hier bei Greffen ist die Ems stark begradigt. Stauwehre lassen den Fluss breiter erscheinen als er von Natur aus ist. Strukturen eines natürlichen Flusslaufes fehlen fast völlig.

In der Aue dominiert der Mais. Der Anbau reicht oft bis dicht an das Ufer. Wenn die Pflanzen ausgewachsen sind, ist der Flussverlauf kaum noch zu erkennen.

Emswehr

Familienidylle auf dem Bänischsee, von Rheda-Wiedenbrück aus etwas weiter flussabwärts: Wie andere ehemalige Sandabgrabungen in der Emsaue nutzen Haubentaucher den künstlichen See als Brutplatz.

Das Junge mit dem charakteristischen „Zebrakopf" wartet auf Futter. Solange der Nachwuchs noch sehr klein ist, versorgen die Eltern ihn mit Insekten, später steht dann Fisch auf dem Speiseplan.

Gebremste Wanderlust

Binnendünen begleiten ab Rheda-Wiedenbrück häufig die Ems. Stattliche Höhen erreichen sie in den Boombergen bei Harsewinkel. Um die Wanderlust der Dünen einzudämmen, hat der Mensch Kiefern gepflanzt, die den Sand festlegen.
Früher waren die Dünen oft mit einer kargen Heidevegetation bewachsen. Reste davon finden sich heute noch an Wegrändern und auf Lichtungen.

Im Kloster Marienfeld herrscht seit einigen Jahren wieder mönchisches Leben. Ein Pater und ein Bruder knüpfen an die klösterliche Tradition an, die mit der Gründung 1185 begann und im Jahr 1803 endete.

Kiefernwald in den Boombergen

Frühe Adonislibelle

Zwischen Harsewinkel und Warendorf wird die Ems zu beiden Seiten von Talgräben begleitet. Sie entstanden schon im 19. Jahrhundert. Den Bauern war es ein Dorn im Auge, dass sich das Wasser nach Überflutungen an der Auenkante sammelte und schlecht abfloss. Die Talgräben sind heute ein wichtiger Lebensraum für zum Teil seltene Libellenarten.

Zwar keine Rarität, aber durchaus einen Blick wert ist die Frühe Adonislibelle, die schon im April unterwegs ist.

Südlicher Talgraben

Besenheide

Pferdeskulpturen in der Warendorfer Innenstadt

Pferdestadt und Vorzeigeprojekt

Dass Warendorf die Stadt des Pferdes ist, bemerkt der Besucher selbst in der City an fast jeder Ecke. Aber auch die Ems prägt das Stadtbild. Dafür sorgt auch der Emssee, der seit 1974 die Innenstadt vor Überschwemmungen schützt. Die Ems fließt hier recht träge. Kottrups Mühle in Warendorf bremst den Lauf des Wassers. Der Mühlenstau ist bislang ein unüberwindbares Hindernis für wandernde Fischarten in der Ems.

Zurück in die Zukunft – so könnte man das umschreiben, was rund um das Dörfchen Einen passiert. Auf einem vier Kilometer langen Emsabschnitt wird die Ems umgemodelt. Die gerade Linie, die das Steinkorsett bislang vorgab, darf der Fluss hier wieder verlassen.

Bagger haben die Ufersicherungen stellenweise entfernt und neue Wege vorgezeichnet, die der Fluss nach eigenem Gutdünken einschlagen und verändern darf. Das von der Europäischen Union geförderte Vorzeigeprojekt stößt nach anfänglicher Skepsis auch bei den Anwohnern auf positive Resonanz. Und wer weiß, vielleicht sieht die Ems hier irgendwann wieder so aus wie vor dem Ausbau …

Renaturierte Ems bei Warendorf-Einen

Mal träge, mal wild

Herbststimmung an der Ems zwischen Warendorf und Telgte. Wer auf dem Emsradweg unterwegs ist, bekommt das verfärbte Laub der Bäume als Zugabe. Bei Müssingen führt die Strecke durch einen schönen Buchenwald auf der Emsterrasse. Vor Telgte fließt die Ems eher träge dahin – Folge der Mühlenstaue in der Stadt, die den Lauf des Wassers bremsen.

Die Emsaue bei Telgte hat ihren ganz eigenen Charakter. Pferde- und Rinderherden streifen hier halbwild durch eine Landschaft, die Assoziationen an die afrikanische Savanne weckt. Nicht weit davon ist das Münsterland wieder ganz bodenständig. Haus Langen ist eine ehemalige Wasserburg mit einer Doppelmühle. Für die Wasserkraft ist in diesem Fall aber nicht die Ems verantwortlich, sondern die Bever, die unweit der Mühle in die Ems mündet.

Für „Wildnis“ in der Emsaue sorgen Koniks (oben) und Heckrinder (Doppelseite)

EmsRadweg bei Müssingen

Doppelmühle Haus Langen

Ein Baum erzählt Emsgeschichte

80 Jahre liegen zwischen den beiden Fotos. Ob es sich bei der Eiche in der Emsaue bei Haus Langen um ein und denselben Baum handelt? Unmöglich scheint es nicht, auch wenn sich das Umfeld verändert hat. 1932 rückte die noch unbefestigte Ems dem Baum bedrohlich nah. Kurz danach wurde der Fluss begradigt.

Die Eiche im bunten Herbstlaub muss nicht mehr bangen. Sie liegt an einem toten Emsaltarm, der beim Ausbau abgetrennt wurde.

Die Ems zwischen Telgte und Handorf ist wegen ihrer Naturnähe bei Paddlern besonders beliebt. Mit viel Glück lässt sich sogar ein Eisvogel blicken. Meist nehmen die scheuen Vögel aber Reißaus – weshalb die Zahl der Boote auf diesem Flussabschnitt auch reglementiert ist.

Fluss trifft Kanal

Badefreuden an der Ems waren in der Vergangenheit gang und gäbe. Bei Gimbte lockte noch Anfang der 1930er Jahre ein Naturfreibad mit feinstem Sandstrand. Gimbte selbst lag damals direkt an der Ems. Heute macht der Fluss einen kleinen Bogen um den Ort, der ein beliebtes Ausflugsziel nicht nur für Münsteraner ist. Bauernhöfe und Kaffeewirtschaften bestimmten hier früher das Bild. Die Gastwirtschaften sind geblieben, die Bauernhöfe fast verschwunden.

Ebenfalls ein beliebtes „Planschbecken" war die 1897 fertiggestellte Kanalüberführung bei Münster-Gelmer – kurz „KÜ" genannt. Sie ist ein Baudenkmal der besonderen Art. Hier überquerten einst die auf dem Dortmund-Ems-Kanal fahrenden Schiffe die Ems. Mit dem regen Schiffsverkehr ist es aber schon lange vorbei.
Die „Neue Fahrt" des Kanals nimmt einen anderen Verlauf. Sogar das Wasser auf dem „KÜ" ist abgelassen, seitdem die Standfestigkeit des Gebäudes in Zweifel gezogen wurde.

Trockener Dünensand und wassergefüllte Auenkolke – bei Gimbte liegt beides dicht beieinander. Die Bockholter Berge sind nicht nur eines der schönsten Dünengebiete entlang der Ems, sondern haben als Besonderheit eine Wacholderheide.

Fachwerkhaus in Gimbte

Die fast kreisrunde Wasserfläche in der Aue hat wahrscheinlich ein früherer Verlauf der Ems geformt.

Der Fluss wird erwachsen

Die Ems bei Greven

Ab Greven war die Ems schiffbar. Vor allem im 18. und 19. Jahrhundert herrschte reger Schiffsverkehr auf dem Fluss. Salz von der Saline Bentlage bei Rheine, Torf aus dem Emsland und nicht zuletzt Baumwolle und Leinen für die aufstrebende Textilindustrie wurden mit speziellen Schiffen, den Emspünten, transportiert. Die Pünten hatten einen geringen Tiefgang. Trotzdem kam die Schifffahrt im Sommer oft zum Erliegen, weil die Ems zwischen Greven und Rheine zu wenig Wasser führte.

Trubel am Grevener „Beach"

Die Ems in Greven 1856

Hochwasser in Greven 1946

Bis in die 1950er Jahre floss die Ems dicht am Stadtkern von Greven vorbei. Wer so nah am Wasser baut, muss mit nassen Füßen rechnen. Immer wieder standen bei Hochwasser Teile der Stadt unter Wasser. Das verheerende Jahrhunderthochwasser im Jahr 1946 beschleunigte die Pläne, den Flusslauf nach Westen zu verlegen.

Seit den 1950er Jahren fließt die Ems durch ein schmales Korsett, das bei längeren Regenfällen schnell aus allen Nähten platzt. Hohe Deiche müssen die Stadt deshalb vor Hochwasser schützen.

„Greven an die Ems" nennt sich in Greven der Versuch, den Fluss wieder stärker an die Stadt zu rücken. Konzerte, eine Strandbar und viele andere Aktionen locken die Menschen im Sommer an den Fluss. Ein nicht ganz risikoloses Unterfangen. Vor allem dann, wenn die Ems bei Hochwasser selbst auf die Idee kommt, der Bar einen Besuch abzustatten …

Stimmungsvoll

Die Ems zwischen Greven und Hembergen

Dichte Steinpackungen sichern fast überall das Emsufer. Wird die Uferbefestigung entfernt, beginnt der Fluss sofort zu arbeiten. Prall- und Gleitufer bekommen wieder ihre ursprüngliche Bedeutung. An den flacheren Gleitufern nutzt das Weidevieh wie hier bei Saerbeck die Gelegenheit, sich im Fluss eine Erfrischung zu gönnen.

Rehe sind keine Seltenheit in der Emsaue. Vor allem in den frühen Morgenstunden und in der Dämmerung verlassen die Tiere den Schutz des Waldes und äsen auf den saftigen Wiesen.

Sachsenhof

Leinanbau am Sachsenhof

Der Sachsenhof, direkt am Emsradweg zwischen Greven und Hembergen gelegen, ist ein Freiluftmuseum zum Anfassen und Ausprobieren. Mitglieder des Heimatvereins Greven werkeln hier wie unsere Vorfahren vor 1200 Jahren. Dazu gehört auch der Anbau von Lein zur Herstellung von Kleidung. Die rekonstruierte Hofstelle beruht auf Befunden von archäologischen Ausgrabungen in der Bauerschaft Gittrup unweit der Ems nördlich von Münster.

Ob die Sachsen Gefallen an einem stimmungsvollen Sonnenuntergang im Emstal fanden?

Dorf am Fluss

Die alte Fähre in Hembergen

Hembergen ist ein typisches Dorf an der Ems. Nur 100 Meter liegen zwischen der Dorfkirche und dem Fluss. Für die Hemberger gehörte der Fluss immer zum Alltag. Er lieferte Nahrung in Form von Fischen, war Waschküche und Viehtränke und diente zum Transport von Waren. So passierten zwischen 1839 und 1842 mehr als 1000 Holzflöße über die Ems das Dorf, vor allem Eichenstämme, die bei Telgte und Warendorf eingeschlagen und zu Schiffsbauzwecken nach Leer und Papenburg geflößt wurden.
Auf ihre Emsbrücke mussten die Hemberger aber lange warten. Erst seit 1960 ersetzt der feste Übergang die Fähre.

Hembergen

Zwischen Hembergen und Emsdetten führt der Emsradweg besonders reizvoll an der Terrassenkante entlang. Immer wieder ergeben sich schöne Blicke in die Aue.

Ein wichtiger Nebenerwerb in Emsdetten war die Herstellung von flachen Weidenkörben, den Wannen. Die Wannenmacher schnitten die Ruten am Emsufer oder in den feuchten Niederungen.

Emsaue

Von Hochwassern und Brückenschlägen

Hochwasser an der Ems bei Saerbeck: Nach stärkeren Regenfällen steigt der Pegel der Ems rasch an, um ebenso schnell wieder zu fallen, wenn es länger trocken bleibt. Die Natur hat sich dem Auf und Ab angepasst: Eichen und Erlen macht es nichts aus, eine Zeit lang nasse Füße zu haben.

„Emsaue ganz nah" heißt das Projekt in Emsdetten, das Naherholung und Naturschutz am Fluss unter einen Hut bringen soll. Hier sind auch die höchsten Emspegel der vergangenen Jahrzehnte visualisiert worden. Einsamer Spitzenreiter ist immer noch das Hochwasser im Jahr 1946.

Die letzte ihrer Art an der westfälischen Ems: Die Bockholter Fähre bringt Spaziergänger und Radfahrer unweit von Elte von einem Emsufer zum anderen. Der Fährbetrieb hat heute nur noch touristische Bedeutung. Das war bis zu Beginn des 20. Jahrhunderts anders. Weil es zwischen Greven und Rheine keine Brücke gab, waren Fähren unverzichtbar.

Auch an Reinermanns Steg verkehrte früher eine Emsfähre. Heute überquert eine Brücke die Ems, die Architektur und Kunst verbindet. Wer über die Brücke radelt, löst einen Impuls aus und die Markisen fahren automatisch aus. Zumindest dann, wenn die Technik funktioniert.

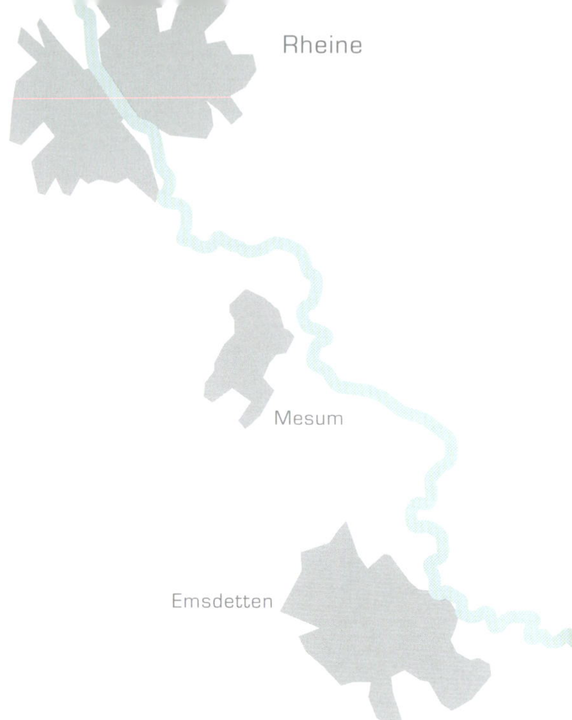

Kloster und Klapperstorch

Rheine ist die letzte Station vor der Grenze nach Niedersachsen und zugleich die größte Stadt direkt am Emslauf. Schon im 14. Jahrhundert wurde in der Stadt ein Emswehr errichtet, um die Schifffahrt zu erleichtern und eine Wassermühle anzutreiben.

„Weißes Gold“ lieferte die Saline Gottesgabe bei Rheine-Bentlage über viele Jahrhunderte. Auch hier war die Ems mit im Spiel. Emswasser speiste den Salinenkanal, der die Wasserräder antrieb, mit dem die Sole gefördert wurde, die anschließend in den Gradierwerken durch ein dichtes Schwarzdorn-Spalier tröpfelte. Das 1437 gegründete Kloster Bentlage unweit der Saline ist eine der besterhaltenen Klosteranlagen in Westfalen. Obwohl es hier schon lange keine Mönche mehr gibt, zeigt die alte Kulturlandschaft immer noch deutliche Spuren klösterlichen Lebens und Arbeitens.

Mit den vielen Störchen in Bentlage hat das Kloster aber nichts zu tun. Sie kommen aus dem Naturzoo Rheine, in dem eine große freifliegende Kolonie lebt, die auf den umgebenden Wiesen auf Mäuse- und Froschjagd geht.

Gradierwerk der Saline „Gottesgabe"

Die Ems in Rheine

Kalkablagerung am Schwarzdorn-Spalier

Kloster Bentlage

Ein Blick nach Niedersachsen

Ein schriller Pfiff – und schon richten sich die Augen gen Himmel. Je näher der Radler auf dem EmsRadweg der Nordsee kommt, desto größer ist die Wahrscheinlichkeit, dass ein Austernfischer über seinen Kopf hinwegfliegt. Die Vögel mit dem auffallend roten Schnabel und dem markanten Ruf brüten vor allem entlang der Küste, stoßen entlang der Ems aber auch weit ins Münsterland vor.

Ab Papenburg steht die Ems unter den Einfluss der Gezeiten. Bei Flut schwillt sie zu einem breiten Strom an. Selbst das reicht nicht aus, um die riesigen „Pötte“, die in der Meyer-Werft in Papenburg vom Stapel laufen, zur Nordsee zu überführen.

Das Emssperrwerk bei Gandersum sorgt für ausreichend Wasser unterm Kiel, schafft aber gleichzeitig massive ökologische Probleme.

Viel, viel kleiner sind die Boote, die im Hafen von Ditzum vor Anker liegen. Wer über den Emsradweg radelt, setzt von dort mit einer Fähre über ans andere Ufer der Ems, bevor er für die letzten Kilometer bis nach Emden wieder in die Pedale treten muss.

Meyers Mühle in Papenburg

Überführung eines Kreuzfahrtschiffes

Ditzumer Hafen

Bentheimer Landschafe im Naturschutzgebiet „Meppener Kuhweide“

Hudeeiche und Weidetiere im Naturschutzgebiet „Borkener Paradies“

Speicherbecken Geeste

Im Emsland haben sich an der Ems noch alte Hudelandschaften erhalten. Früher trieben die Bauern hier gemeinschaftlich das Vieh auf. Es entstand ein Mosaik aus offenen Bereichen, Gebüsch, Wald und Wacholderhainen. Hudebäume zeigen deutliche Spuren von Viehverbiss und der Schneitelwirtschaft, bei der das Laub der Bäume an das Vieh verfüttert wurde. Das „Borkener Paradies" nordwestlich von Meppen ist das Paradebeispiel für diese Landschaften. Heute sorgen hier neben Rindern auch Pferde für die alte Nutzung.

Im Naturschutzgebiet „Meppener Kuhweide" streifen dagegen Bentheimer Landschafe, eine alte Schafrasse, durch den Hudewald. Hier grenzt die Ems mit einem markanten Steilufer direkt an offene Sanddünen. Nicht weit entfernt findet sich Gegensätzliches: Das mit Emswasser gefüllte Speicherbecken Geeste liefert Kühlwasser für das Atomkraftwerk Lingen und ist zugleich ein Freizeiteldorado.

Steilufer der Ems

„In einem Bächlein helle …

Leben im und am Fluss

**… Da schoß in froher Eil
Die launische Forelle
Vorüber wie ein Pfeil.“**

So heißt es in Schuberts Lied „Die Forelle“. Hell und klar und damit ein guter Lebensraum für die Bachforelle ist die Ems nur zu Beginn.
Später trübt sich das Wasser ein, die Bachforelle macht sich rar und andere Fischarten tummeln sich im Wasser. Ein natürlicher Vorgang und ein Beispiel dafür, wie sich das Leben in einem Flusslauf verändert.
Viel einschneidender sind die Folgen der Eingriffe durch den Menschen. Er hat die Ems gezähmt und für seine Zwecke umgestaltet. Jetzt gibt er ihr häppchenweise alte Freiheiten zurück. Das Leben in und an der Ems bleibt spannend und im permanenten Wandel.

Köcherfliegenlarve

Brunnenkresse

Quellfrisch...

Zu den ersten Begleitern der jungen Ems zählen Köcherfliegenlarven und die Brunnenkresse. Sie schätzen das saubere Quellwasser. Ihren Namen haben die Köcherfliegen von einer speziellen Lebensweise der Larven. Sie leben bei vielen Arten geschützt in einem selbst gebauten „Köcher“ aus Pflanzenresten und kleinen Steinchen, die mit einer Art klebrigem Spinnfaden zusammengehalten werden. Das zersetzte Laub in den Emsquellen ist eine wichtige Nahrung für die Larven. Die geschlüpften Köcherfliegen sind vor allem in der Dämmerung und nachts unterwegs.

Die Blüten der Brunnenkresse erscheinen meist im April. Die zarten Blätter der Brunnenkresse haben einen leicht bitteren Geschmack.

Hecht ganz nah

Fische in der Ems...

Bachforelle

Rund 40 Fischarten tummeln sich in der Ems. Viele von ihnen haben davon profitiert, dass das Wasser der Ems heute sauberer ist als noch vor einigen Jahren. Doch das allein reicht nicht. Ausgebauten Flussabschnitten fehlt es an Strukturen, um anspruchsvollen Fischarten wie Steinbeißer oder Hasel ausreichend Unterschlupf zu bieten. Noch im 19. Jahrhundert wanderten Lachse und Störe die Ems stromaufwärts, um zu laichen.
Doch die Verschmutzung des Wassers und viele Querbauwerke im Fluss trugen ihren Teil dazu bei, dass sie verschwanden.

Flussbarsch

Die wenigsten Fische kommen im gesamten Emslauf vor. Einige Arten wie die Bachforelle brauchen kühles und sauerstoffreiches Wasser und leben vor allem im quellnahen Bereich. Andere wie der Flussbarsch und die Brasse bevorzugen einen schlammigeren Untergrund und kommen auch mit sauerstoffarmen Bedingungen gut zurecht.

Brasse

...und ihre Jäger

Wo viel Beute zu holen ist, da sind die Jäger nicht weit. Auf eher kleinere Opfer haben es Eisvogel und Haubentaucher abgesehen.

Keine Angst vor größeren Fischen hat der Kormoran – und begibt sich so in Konkurrenz zu Anglern. An Teichwirtschaften mag der Ärger über den Kormoran verständlich sein, an einem Fluss im Rang eines europäischen Naturerbes sollte man dem Vogel sein Recht auf Nahrung zugestehen, auch wenn ein paar Fische weniger am Haken sind.

Eisvogel

Haubentaucher

◄ *Kormoran-Schlafbaum bei Hembergen*

Kormoran

Nahrungssuche –
mal so, mal so

Die Wasseramsel steckt den Kopf nicht in den Sand, sondern ins Wasser – und hofft darauf, dass ihr etwas Essbares vor den Schnabel kommt. Als „Wasserlugen“ wird dieses Verhalten bezeichnet. Die Wasseramsel lebt an klaren und schnell fließenden Bächen, die sie vor allem in gebirgigen Gegenden vorfindet. Kein Wunder, dass der starengroße Singvogel an der Ems nur in der Senne im quellnahen Bereich zu entdecken ist.

Flexibler bei der Nahrungssuche ist der Graureiher. Hat er Appetit auf Fisch oder Frosch, sind die Ems und ihre Aue gute Jagdreviere. Um eine Maus zu erhaschen, ist ein Getreidefeld die bessere Wahl. Den Hals, den die Vögel im Flug zu einem S krümmen, können sie dabei ganz schön lang machen.

Reiherentenpaar

▼ Blessralle mit Jungen

Weibchen der Löffelente

Brüten am Fluss

Die ausgebaute Ems bietet nur wenigen Vögeln die Möglichkeit, direkt im Uferbereich zu brüten. Seitdem die Uferböschungen nicht mehr so intensiv unterhalten werden wie in der Vergangenheit, finden einige Vogelarten wie die Blessralle im überhängenden Weidengestrüpp aber doch ab und an ein ruhiges Plätzchen.

Auch die Reiherente brütet gelegentlich am Ufer. Die schwarzweiß gefärbten Männchen haben – ähnlich dem Graureiher – einen markanten Schopf am Hinterkopf, der bei den schokladebraunen Weibchen nur angedeutet ist.
Reiherenten schwimmen oft in größeren Trupps auf der Ems und verschwinden immer mal wieder, um unter Wasser nach Kleintieren zu suchen – ein Verhalten, das sie eindeutig als Tauchenten ausweist. Gründelenten wie Stock- und Löffelente pressen das Wasser durch ihren Lamellenschnabel und sieben feinste Nahrungsteilchen aus.

◄ *So liebevoll die Blessralle sich um ihren Nachwuchs kümmert, so rabiat ist sie Nebenbuhlern gegenüber.* ►

Mühle am Emstor in Telgte

Der Flussuferläufer ist noch nicht als Brutvogel an die Ems zurückgekehrt. Die letzten Bruten liegen Jahrzehnte zurück. Heute sieht man ihn gelegentlich als Durchzügler am Emsufer. Wird er aufgeschreckt, fliegt der Flussuferläufer flach über dem Wasser an der Uferlinie entlang, um sich in sicherer Entfernung wieder niederzulassen.

Die Gebirgsstelze kommt, anders als es der Name vermuten lässt, auch im Flachland vor. Sie brütet aber gerne da, wo das Wasser etwas lauter plätschert und die Ems wenigstens entfernt an einen Gebirgsbach erinnert. So wie hier an einem Fischaufstieg, mit dessen Hilfe Fische das Mühlenwehr in Telgte umgehen können.

Mit dem Bau aufwendiger Nester vergeudet der Flussregenpfeifer keine Zeit. Er legt seine vier Eier meist auf den nackten Erdboden, wo sie durch ihre

Gebirgsstelze

Färbung gut getarnt sind. Der Flussregenpfeifer ist ein echter „Pionier", der gerne auf frisch entstandenen Sandbänken brütet. Ihm kommen die Renaturierungsmaßnahmen an der Ems durchaus entgegen. Allerdings besteht immer die Gefahr, dass das Gelege durch Angler oder Badende zertreten wird.

Flussuferläufer

Flussregenpfeifer

Gebänderte Prachtlibelle: Männchen… *…und Weibchen*

Fliegende Edelsteine

Von den Insekten, die am Wasser leben, sind sie die auffallendsten: Als fliegende Edelsteine werden Libellen oft bezeichnet. Fast noch beeindruckender als die Optik sind ihre Flugkünste. Libellen können alle vier Flügel unabhängig voneinander bewegen und wie ein Hubschrauber in der Luft stehen. Und wenn nötig, fliegen sie rückwärts. Ein Gerücht dagegen ist, dass Libellen stechen. Ihre Nahrung erbeuten sie mit einer Fangmaske am Kopf im Flug.

Ein recht seltener Blickfang an der Ems ist die Gewöhnliche Keiljungfer. Die Blüte eines Ranunkelstrauchs in einem Garten unweit der Ems ist für sie ein eher ungewöhnlicher Aufenthaltsort.

Gewöhnliche Keiljungfer

◀ *Larvenhülle der Großen Königslibelle*

Feuerlibelle

Eine häufige Libelle am Emsufer ist die Gebänderte Prachtlibelle, deren schmetterlingsartiger Flug im Vergleich zur Verwandtschaft etwas unbeholfen wirkt. Bei den Männchen haben die Flügel ein tiefblau eingefärbtes breites Band. Die Weibchen glänzen grün-metallisch, ihre Flügel sind farblos.

Die Königslibelle (folgende Doppelseite) lebt an stehenden Gewässern. Während die eigentlichen Libellen meist nur wenige Wochen fliegen, leben ihre Larven oft mehrere Jahre im Wasser. Vor dem Schlupf erklimmen sie eine Wasserpflanze. Zurück bleibt die Larvenhülle, hier von einer Königslibelle.
Ein Profiteur des Klimawandels ist die Feuerlibelle. Sie ist aus südlichen Gefilden eingewandert.

Große Königslibelle bei der Eiablage

Auf zu neuen Ufern

Renaturierung der Ems

Emsansichten aus den 1930er Jahren - vor und während des Ausbaus

In den 1930er Jahren begann der planmäßige Ausbau der Ems, der sich bis in die 1970er Jahre fortsetzte. Zu Anfang waren es Reichsarbeitsdienst und „Freiwilliger Arbeitsdienst", die in mühevoller Handarbeit die Ems in ein steinernes Bett verlegten, das dem Fluss die natürliche Dynamik raubte.
Ein mühsames Unterfangen ist es, an der Ems die Sünden der Vergangenheit zumindest stellenweise wieder rückgängig zu machen. Das Emsauenschutzkonzept hat sich dies zum Ziel gesetzt. Die Ergebnisse zeigen, dass es sich lohnt: In Einen bei Warendorf haben Bagger in mehrjähriger Arbeit der Aue ein neues Gesicht gegeben – das zudem sehr wandlungsfähig ist. Weil die Ufer nicht mehr befestigt sind, ändert sich mit jedem Hochwasser etwas. Ufer brechen ab, Sandbänke im Fluss bilden sich neu. Die Erfolge der Renaturierung sind nicht ausgeblieben. Uferschwalben finden endlich wieder die Möglichkeit, ihre armlangen Brutröhren in die Abbruchkanten zu graben. Auch unter Wasser hat sich viel getan. 27 Fischarten wurden im renaturierten Abschnitt nachgewiesen – eine Vielfalt, von der auch die

unterhalb gelegenen, nicht renaturierten Emsbereiche profitieren. Auch an anderen Emsabschnitten stehen in den kommenden Jahren Renaturierungen an, so bei Greven und Hembergen.

Nutznießer der Maßnahmen – Uferschwalben

Uferentsteinung an der Ems

Seifenkraut

Mädesüß

Per Hand wurden die Ufer der Ems vor 80 Jahren befestigt, per Hand werden die Steine heute wieder entfernt, so wie hier bei Westbevern. Auch wenn der Bagger das viel schneller kann – solche symbolischen Aktionen stärken das Bewusstsein dafür, dass die Renaturierung der Ems eine wertvolle Gemeinschaftsaufgabe ist.

An den entfesselten Uferbereichen hat die Monotonie keine Chance. Bunte Hochstaudenfluren erfreuen Auge und Insekten.

Kleiner Fuchs auf Blutweiderich

Sumpfziest

Renaturierte Ems bei Warendorf-Einen

Gegen den Strom

Im strömenden Wasser der Ems fassen nur wenige Pflanzen Fuß. Laichkräuter und auch das Rauhe Hornblatt haben sich den Bedingungen gut angepasst. Sie verankern ihre Wurzeln im Gewässergrund und bilden mehrere Meter lange Sprosse aus. Laichkräuter sind – der Name sagt es – wichtige Laichplätze für viele Fische.

Durchwachsenblättriges Laichkraut

Eine eher seltene Art ist das Durchwachsenblättrige Laichkraut, das an wenigen Stellen in der Ems wächst.

Wasserhahnenfuß

Festen Boden unter den Füßen brauchen das Sumpf-Vergißmeinicht und der Igelkolben, die in schmalen Röhrichten am Emsufer wachsen. Beim Igelkolben sind die männlichen (oben) und weiblichen Blütenstände (unten) getrennt. Auch wenn sie beide stachelig aussehen – es pieksen nur die Frauen…

Igelkolben

Sumpf-Vergißmeinicht

Leichter haben es Pflanzen in kleinen Buchten, in denen die Strömung gebremst wird. Hier kann der Wasserhahnenfuß seine weißen Blütenteppiche ausbreiten.

Neu hier

Nicht nur die Ems selbst hat sich verändert, auch ihre Tier- und Pflanzenwelt wandelt sich stetig. Flüsse sind wichtige Ausbreitungswege für Arten, deren ursprüngliche Heimat oft weit entfernt ist. Doch nicht alle Neuankömmlinge sind eine Bereicherung.

Ende des 19. Jahrhunderts wurden die ersten aus Nordamerika stammenden Kamberkrebse in Deutschland ausgesetzt. Heute ist er die häufigste Flusskrebsart in Westfalen. Mitgebracht hat er eine Krankheit, der viele Europäische Edelkrebse zum Opfer fallen. Der Neuankömmling ist zudem so konkurrenzkräftig, dass der Edelkrebs als einzige einheimische Flusskrebsart heute sehr selten ist.

Wenig duldsam ist auch das Drüsige Springkraut, dessen ursprüngliche Heimat Zentralasien ist. Es beherrscht viele Uferabschnitte der Ems. So attraktiv seine Blüten auch sind, der Vielfalt am Ufer schadet die Dominanz einer Art.

Fast schon ein gewohnter Anblick nicht nur entlang der Ems sind Kanadagänse. Dabei ist es erst gut 30 Jahre her, dass sie sich in Westfalen angesiedelt haben. Noch später kamen die Nilgänse, die sich immer noch rasant ausbreiten.

Damit nicht genug: Weitere „Gänseexoten" wie Rostgans und Streifengans sind auf dem Vormarsch. Und immer hat der Mensch seine Hand dabei im Spiel gehabt.

Kamberkrebs

Drüsiges Springkraut

Kanadagans

Nilgans

Wintergäste an der Ems

Bis das Wasser der Ems zu Eis erstarrt, bedarf es schon eines ganz besonders knackigen Winters. Weil sie aber noch offen ist, wenn andere Gewässer längst von einer Eisschicht bedeckt sind, machen im Winter Gäste eine Stippvisite am Fluss, die sich sonst selten dort blicken lassen.

Der Silberreiher hebt ab – im wahrsten Sinne des Wortes. Noch vor der Jahrtausendwende waren die eleganten Vögel, die im südöstlichen Europa ihren Verbreitungsschwerpunkt haben, bei uns eine Rarität. Heute kann man sie in den Wintermonaten auch in der Emsaue immer häufiger beobachten. Im Jahr 2012 brütete das erste Paar in Deutschland.

Silberreiher

Waldwasserläufer

Zwergtaucher

Der Waldwasserläufer ist ein nordischer Brutvogel. Einzelne Vögel überwintern bei uns und suchen an flachen Ufern nach Nahrung.

Zwergtaucher brüten und leben meist an Stillgewässern. Auf ihren Tauchgängen jagen sie kleine Fische und Wasserinsekten. Frieren die Seen im Winter zu, ist die Ems eine willkommene Ausweichmöglichkeit, um satt zu werden.

Heimliche Sänger am Fluss

Nachtigall

Das dichte Gewirr aus Gräsern, Stauden und Gebüschen an den Uferböschungen der Ems bietet Singvögeln ein gutes Versteck. Nur der Gesang verrät im Frühjahr ihre Anwesenheit.

Fitis

Ein ausgesprochen heimlicher Sänger ist die Nachtigall. Ihr betörendes Schluchzen und der Nachtigallenschlag sind in der Emsaue noch an recht vielen Stellen zu hören.

Etwas einsilbiger, dafür nicht ganz so versteckt, singt die Dorngrasmücke (Bild links), die im dichten Gebüsch brütet und fast überall entlang der Ems häufig ist – ebenso wie der Fitis, dessen weicher Gesang einen etwas melancholischen Einschlag hat.

Sumpfrohrsänger

Was die Vielfalt des Gesangs betrifft, macht dem Sumpfrohrsänger in der heimischen Vogelwelt keiner etwas vor. Als begnadeter Stimmenimitator baut er viele Sequenzen in den Gesang ein, die er in seinem afrikanischen Winterquartier erlernt hat.

Fest verwurzelt in der Erde

Unterwasserwurzeln der Korbweide

Viele Uferabschnitte der Ems sind mit Weidensträuchern bewachsen. Meist sind es Korbweiden, erkennbar an ihren langen, schmalen und unterseits filzigen Blättern. Äste und Zweige der Korbweide sind sehr biegsam und halten auch der starken Strömung bei Hochwasser und sogar Eisgang stand.

Der Blick unter die Wasseroberfläche zeigt das fein verästelte Wurzelgeflecht der Korbweiden. Sie sind unempfindlich gegenüber Überschwemmungen und stabilisieren die Uferböschungen. Die männlichen Kätzchen blühen im zeitigen Frühjahr und bieten Insekten Nahrung.

Die Biegsamkeit der Zweige machten sich Korbflechter zunutze, die aus Weidenruten allerlei Utensilien des täglichen Gebrauchs herstellten.
Das Wannenmachermuseum in Emsdetten zeigt das alte Handwerk sehr anschaulich.

Männliche Blüten der Korbweide

Rückkehrer und Neuankömmlinge

Biber, Bisam und Co.

Es tut sich einiges bei den Vierbeinern in und an der Ems. Zunächst verschwanden alteingesessene Arten, dann kamen Neulinge hinzu und aktuell scheinen einige der „Ureinwohner" zurückzukehren. Bisamratte und Nutria sind die Neuankömmlinge. Die beiden Nager haben sich im 20. Jahrhundert ausgebreitet, der aus Nordamerika stammende Bisam ziemlich rasant, die in Mittel- und Südamerika heimische Nutria langsamer. Da war der Biber schon längst verschwunden, weshalb es Vermutungen gibt, dass Bisam und Nutria die entstandene Lücke bei den Pflanzenfressern erfolgreich besetzen konnten. Während die Nutria meist geduldet wird, sind Bisamratten wegen ihrer Wühltätigkeit an Deichen weniger beliebt und werden mancherorts mit Fallen bejagt.

Huckepack auf Mutters Rücken – Familienausflug bei den Nutrias

Fischotter

Biber

Bisamratte

Der Biber ist zurückgekehrt an die Ems. Zumindest im Emsland leben heute nach einem erfolgreichen Aussetzungsprojekt wieder einige Tiere an Ems und Hase.

Ohne Zutun des Menschen kehrt offenbar der Fischotter zurück, der lange Zeit verfolgt wurde und in den 1950er Jahren aus Nordrhein-Westfalen verschwand. An Flüssen und Bächen im Münsterland häufen sich seit einigen Jahren die Beobachtungen. Anders als Bisam und Biber bevorzugt der Fischotter fleischliche Nahrung. Sein Appetit auf Fisch wurde ihm ebenso zum Verhängnis wie die Begradigung und Verschmutzung der Gewässer.

Von Aurorafalter bis Zwergtaucher

Auenvielfalt

Fluss und Aue sind miteinander verflochten. Die Wechselbeziehungen zwischen Land und Wasser sind eng. Libellenlarven entwickeln sich im Gewässer, bevor sie als fliegende Edelsteine in der Aue auf Beutezug gehen. Ringelnattern legen ihre Eier im Getreibsel an Land und stellen im Wasser Fröschen nach. Pflanzen nutzen die Nährstoffe, die die Ems in der Aue hinterlässt, wenn sie über die Ufer tritt.
Aber Hochwasser können auch eine zerstörerische Wirkung haben,wenn Nester überspült werden oder Steilufer abbrechen, in denen Wildbienen nisten. Aber diese Dynamik gehört in einer lebendigen Aue nun mal dazu.

Nur noch Reste

Heute ist es schwer vorstellbar, dass die Emsaue früher größtenteils bewaldet war. Nicht weit vom Fluss wuchs ein Wald mit Silberweiden und vereinzelt auch Schwarzpappeln, dem zum Ufer hin ein Gebüschmantel mit Korb- und Mandelweiden vorgelagert war. Diese Weichholzaue ist bis auf kleine Reste, zum Beispiel an einem Altarm bei Hembergen, verschwunden.

Kaum besser ist es den etwas höher gelegenen Hartholzauenwäldern ergangen, die nur von größeren Hochwassern erreicht werden. Hier wuchsen Eichen, Eschen und als Besonderheit an der Ems vereinzelt auch Buchen.

Bei jedem Hochwasser lagern sich Schwebstoffe in der Aue ab. Auen sind deshalb von Natur aus fruchtbar. Die Wiesen und Äcker, die schon seit Jahrhunderten die Auenwälder ersetzen, liefern gute Ernten.

Typische Arten sind die Schwertlilie und der Kleinspecht. Unser kleinster Specht zimmert seine Bruthöhlen gerne im weichen Holz von Erlen und Weiden.

◄ *Silberweidenauenwald bei Saerbeck*

Kleinspecht

Schwertlilie

Pirol

Ein heimlicher und seltener Bewohner des Auenwaldes ist der Pirol. Wenn er im Frühjahr aus Afrika zurückkehrt, verraten meist nur die flötenden „düdlio" Rufe seine Anwesenheit.

Erlen können sehr lange „mit den Füßen" im Wasser stehen. Erlenbruchwälder in der Emsaue finden sich stellenweise dort, wo das Wasser schlecht abfließt, beispielsweise in Mulden oder an den Auenrändern.

Wiesen, Weiden, Äcker

Landwirtschaft in der Aue

Wie ein Band ziehen sich stattliche Bauernhöfe an der Auenkante in hochwassersicherer Lage die Ems entlang. Fast immer sind es alte Hofstellen, die schon seit Jahrhunderten bestehen. Für die Bauern war der Standort optimal.
Der Fluss lieferte Wasser und die Aue war viel fruchtbarer als die mageren Sandböden rundherum. Alte Hohlwege markieren heute noch die Zugänge zur Aue.

Ein Paradies für Tiere und Pflanzen ist die Emsaue immer da, wo es ein Mosaik aus vielen Lebensräumen gibt. Die Landwirtschaft in der Aue ist dabei ein wichtiger Faktor. Bunte Wiesen und Weiden bleiben nur da erhalten, wo Mähbalken und Weidetiere den Wiesenblumen die Konkurrenz durch hochwüchsige Stauden und Gehölze regelmäßig vom Leibe halten.

Allerdings ist die Nutzung als Grünland allein noch kein Garant für Artenvielfalt. Häufige Mahd und intensive Düngung fördern nur einzelne Arten.

Die Begradigung der Ems hat die Lebensbedingungen in der Aue nachhaltig verändert.
Der Grundwasserstand ist gesunken, Sommerhochwasser sind heute die Ausnahme. Dadurch hat der Ackerbau Einzug in die Aue gehalten, die bis dahin dem Grünland vorbehalten war.
Vor allem im östlichen Münsterland hat der Mais große Teile der Emsaue erobert. Ihm macht auch ein Hochwasser wenig aus. Die Artenvielfalt bleibt allerdings auf der Strecke.

Bauernhof bei Greven

Farben satt

Bunte Wiesen in der Emsaue

Wiesen, die mehr bunte Farbtupfer aufweisen als nur das Gelb des Löwenzahns? Sie gibt es tatsächlich noch in den Emsauen.
Die Kuckucks-Lichtnelke steuert eine Prise Pink bei, das Wiesen-Schaumkraut sorgt für ein zartes, der Gamander-Ehrenpreis für ein kräftiges Blau, und das leuchtende Weiß der Margeriten ist auch nicht zu verachten. So schön gefärbt sind die Wiesen aber nur dann, wenn Mähbalken und Düngerstreuer sparsam zum Einsatz kommen. Ansonsten setzen wüchsige Gräser dem bunten Treiben ein Ende.

Ein Zeiger für Beweidung ist die Nickende Distel. Weil das Vieh einen Bogen um die widerborstige Pflanze macht, heben sich die großen Blütenköpfe im Spätsommer von den abgefressenen Bereichen ab.

Orchideen sind gewissermaßen das Sahnehäubchen in einer Wiese. In der Emsaue machen sie sich allerdings rar. Das Breitblättrige und das Gefleckte Knabenkraut wachsen dort, wo der Untergrund feucht ist. Dort fühlt sich auch die Sumpfschrecke wohl. Ihre Anwesenheit verrät sie durch knipsende Laute, die sie mit ihren Hinterbeinen erzeugt.

◄ Nickende Distel

Wiesenschaumkraut

Breitblättriges Knabenkraut

Gamander-Ehrenpreis

▼ Kuckucks-Lichtnelke

Rundblättrige Glockenblume

▼ Geflecktes Knabenkraut

Goldene Acht

Wiesen-Flockenblume

Wespenspinne

Aurorafalter

Sumpfschrecke

Maikäfer

Grünampfer-Widderchen

Großer Klappertopf

Kleiner Feuerfalter

Wiesen-Salbei

Kleines Wiesenvögelchen

Sumpf-Hornklee

Schafgarbe

Wiesen-Bocksbart

Echtes Labkraut

Bunte Wiesen bieten nicht nur etwas für's Auge, sie machen auch satt. Zumindest die unzähligen Insekten, die solch eine Wiese bevölkern, angefangen bei Schmetterlingen wie der Goldenen Acht bis hin zu Heuschrecken wie der Sumpfschrecke.

Besonders schutzbedürftig – Wiesenbrüter

In der Rietberger Emsniederung gibt er im Frühjahr den Ton an: Der Große Brachvogel sorgt mit seinem melodischen Flöten und Trillern – meist im Flug vorgetragen – für die musikalische Untermalung einer Radtour auf dem Emsradweg.

In dem Vogelschutzgebiet finden rund 15 Brutpaare die offenen und feuchten Wiesen vor, die sie zum Brüten brauchen. Sie zu erhalten, kostet Geld. Nur wenn die Bauern die Wiesen spät mähen und nicht oder nur wenig düngen, können die Brachvögel ihre Jungen aufziehen.
Die Landwirte bekommen dafür einen finanziellen Ausgleich. Vertragsnaturschutz nennt sich das Konstrukt, das auch andernorts zum Erhalt einer vielfältigen Kulturlandschaft beiträgt.

Ob am Boden oder in der Luft, der Große Brachvogel ist nicht nur wegen seines kühn geschwungenen Schnabels unverkennbar. Mit ihm stochert er im weichen Boden nach Nahrung.

Die meist vier Jungen sind Nestflüchter. Sie sammeln Insekten von den Blüten ab, die eine artenreiche Feuchtwiese bietet. Doch auch bei guten Bedingungen leben die Kleinen gefährlich. Fuchs, Wiesel und Greifvögel wie Rohrweihe und Mäusebussard dezimieren ihre Zahl. Und auch ein Kälteeinbruch fordert seine Opfer.

◄ *Küken des Großen Brachvogels* *Großer Brachvogel*

Rotfuchs

Kiebitze im Flug

Austernfischer

Deutlich seltener als der Große Brachvogel ist die Uferschnepfe. An der westfälischen Ems kommt sie nur in der Rietberger Emsniederung vor. Danach kann der Radler auf dem Emsradweg erst in Ostfriesland wieder die charakteristischen Balzrufe hören.

Vom Allerweltsvogel zum Sorgenkind: Der Kiebitz leidet seit Jahren unter einem massiven Bestandsrückgang. Dabei gehörten sein heiserer „Kjuwitt"-Ruf und die eindrucksvolle Flugshow einst zum Frühling an der Ems. Mit der heutigen Bewirtschaftung von Wiesen und Äckern kommt der Kiebitz nicht mehr klar. Viele Gelege und Jungvögel gehen verloren, weil Wiesen zu früh gemäht und die Felder dann bestellt werden, wenn die Küken noch nicht geschlüpft oder mobil genug sind.

Anders verlief die Entwicklung beim Austernfischer. Von der Nordseeküste aus hat er sich langsam ins Binnenland vorgewagt und ist heute mit einigen Brutpaaren in den Emsauen vertreten.

Uferschnepfe

Gelbe Wiesenraute

Wildnis in der Emsaue

Die Ems und ihre Aue haben viele Facetten. Rund zehn Jahre ist es her, dass eine neue hinzugekommen ist. Damals bezogen Heckrinder und Konikpferde ihr neues Zuhause in der Emsaue zwischen Telgte und Handorf. Ihr Auftrag: Eine halboffene Weidelandschaft zu schaffen, ein veränderliches Mosaik aus offenen Triften, Gebüschinseln, Hochstaudenfluren und anderen Elementen. Zehn Jahre später kann konstatiert werden: Ziel erfüllt. Inmitten unserer zivilisierten Welt hat sich in drei Weidegebieten entlang der Ems ein einzigartiges Stück Wildnis entwickelt, das die Lebensgrundlage für eine Vielzahl bedrohter Arten ist.

Konikpferd

Schlehenblüte

Neuntöter

Für den Neuntöter ist es ideal, wenn Gebüsche und offene Bereiche sich abwechseln. Dann findet er reichlich Insekten und Kleinsäuger. Was er nicht gleich frisst, spießt er auf, beispielsweise auf die spitzen Dornen der Schlehe. Dieser etwas blutrünstigen Art der Vorratshaltung hat er seinen Namen zu verdanken.

Die Koniks und Heckrinder sind das ganze Jahr über in der Emsaue anzutreffen. Mit ihren Hufen sorgen sie immer wieder für offene Bodenstellen. Wildbienen profitieren davon. Sie graben im lockeren Sand ihre Nisthöhlen.

Sandbiene

Heckrinder

Teichrose

Schwanenblume

Abgehängt
Altarme an der Ems

Altarme sind typischer Bestandteil von Auenlandschaften. Flüsse, zumal, wenn sie wie die Ems nur ein geringes Gefälle haben, bilden Schleifen oder Mäander aus. Die Schleifen werden im Laufe der Zeit enger und enger, bis ein Hochwasser sie durchsticht und vom Flusslauf abtrennt.

Was natürlicherweise in Jahrhunderten abläuft, hat der Mensch in wenigen Jahren auf radikale Weise abgekürzt. Viele Ems-Altarme entstanden bei der Begradigung des Flusses und sind damit „künstlicher Natur". Manche verschwanden alsbald wieder – zugeschüttet mit dem Material, das ausgebaggert wurde, um der Ems ein neues Bett zu richten.

Der Altarm südlich von Rheine ist so ein menschengemachter Altarm, der beim Emsausbau vom Flusslauf „abgehängt" wurde.
Wie bei vielen Emsaltarmen bedeckt ein Teichrosenteppich große Flächen. Am Ufer wächst die grazile Schwanenblume.

Ems-Altarm bei Rheine

Wasserminze

Kleines Granatauge

Zusammen mit den angrenzenden Wiesen und Weiden sind naturnahe Altarme ein Eldorado für viele Tier- und Pflanzenarten. Langblättriger Ehrenpreis und Wasserminze blühen hier, der Eisvogel sitzt auf überhängenden Ästen und lauert auf Beute und die seltene und heimliche Wasserralle lässt in der Dämmerung Rufe hören, die an ein Schweinequieken erinnern. Hier findet sich oftmals noch eine Vielfalt, die dem ausgebauten Fluss fehlt.

Libellen wie der Vierfleck oder das Kleine Granatauge sonnen sich auf Wasserpflanzen – der Vierfleck nach Großlibellenart mit aufgeklappten Flügeln, während das Granatauge als Kleinlibelle die Flügel über dem Hinterleib zusammengefaltet hat.

Für die Ringelnatter sind Ems-Altarme ein hervorragendes Jagdrevier. Als gute Schwimmer erbeuten sie Grünfrösche und Erdkröten.

Vierfleck

Wasserralle

Langblättriger Ehrenpreis

Ringelnatter

Blänke

Klein, aber oho!

Blänken, Kolke und andere Auengewässer

In der Vergangenheit war das Relief in der Emsaue deutlich bewegter als heute. Neben den größeren Altarmen gab es flache Blänken, Flutmulden und Kolke, die je nach Tiefe das ganze Jahr oder nur zu bestimmten Jahreszeiten Wasser führten. Oftmals wurden diese Kleingewässer verfüllt, um die landwirtschaftliche Nutzung in der Aue zu erleichtern. Andererseits wurden in jüngster Vergangenheit aus Naturschutzgründen neue Blänken angelegt.

Was die Baggerschaufel modelliert hat, wird dankbar angenommen. Auch der seltene Kammmolch ist rasch zur Stelle, wenn bereits besiedelte Teiche in der Nähe sind.

Auch Libellen lassen nicht lange auf sich warten. Die Larven von Plattbauch, Südlicher Binsenjungfer und anderen Arten entwickeln sich in besonnten Kleingewässern schnell.

Plattbauch-Libelle

Kammmolch

Großes Ochsenauge

Steinfliege

Salzbunge

Teichrohrsänger

Bei einer ungestörten Entwicklung stellt sich am Gewässerufer ein Schilfröhricht ein. Schimpft aus ihm jemand wie ein Rohrspatz, dann ist der Teichrohrsänger zugegen. Seinen etwas schrägen Gesang trägt er mit unermüdlicher Ausdauer vor. Sein Nest befestigt er geschickt an Schilfhalmen. Er legt drei bis fünf Eier. Wenn am Ende dennoch nur ein überdimensionierter Jungvogel im Nest hockt, war der Kuckuck am Werk. Er legt seine Eier gerne in die Nester von Teichrohrsängern.

Aue – vor allem, wenn auch Sträucher in der Nähe sind. Der „Klettermaxe“ unter den heimischen Amphibien benötigt besonnte und flache Tümpel, die im Sommer gerne auch austrocknen dürfen – so ist sein Nachwuchs sicher vor hungrigen Fischen. Wenn er nicht gerade Insekten nachstellt, nimmt er gerne ein Sonnenbad und erklimmt dabei luftige Höhen. Es sind schon Laubfrösche in 20 Meter Höhe beobachtet worden! Aber eigentlich ist er durchaus bodenständig, wenn nur sein Lebensraum in der Vergangenheit nicht ständig kleiner geworden wäre. Im Zuge der von Naturschützern ins Leben gerufenen Aktion „Ein König sucht sein Reich“ hat sich die Situation für den Froschkönig im Münsterland dank vieler neu angelegter Teiche wieder verbessert.

Bunter Grashüpfer

Mager, mager

Kleinode für Asketen

Wer an Auen denkt, hat meist wüchsige Wälder, feuchte Wiesen und üppige Hochstaudenfluren vor Augen. Doch sie gibt es hier auch: kleine übersandete Flecken, in denen das Wasser schnell versickert und die so exponiert sind, dass die mittäglichen Sonnenstrahlen den Erdboden stark erwärmen. Ein magerer Wegsaum beispielsweise, der ab und an gemäht wird. Oder der Rand einer Weide, direkt unter dem Stacheldraht, wo der Düngerstreuer nicht hinkommt. Solche Stellen sind das Reich von Spezialisten, die mit kargen Bedingungen gut klar kommen. Zum Beispiel die stark bedrohte Heidenelke, die im Emstal ebenso noch einige Vorkommen hat wie der Arznei-Thymian und das Wilde Veilchen.

In mageren Wiesen tummeln sich unzählige Insekten. Der Bunte Grashüpfer ernährt sich vor allem von Gräsern. Der Gesang des Männchens erinnert an einen schnell tickenden Wecker. Schmetterlinge wie der Hauhechel-Bläuling schätzen den Blütenreichtum.

Heidenelke

Hauhechel-Bläuling

Wildes Stiefmütterchen

Grünspecht

Dass Wiesen, in denen Hasenklee und Hasenbrot wachsen, allenfalls Hasen satt machen, haben die Menschen früh erkannt – und so den Pflanzen ihren Namen gegeben.

Viele Insekten locken den Grünspecht an. Ihm haben es vor allem die Ameisen angetan, die in lückigen Wiesen gerne ihre Erdnester bauen. Dank seiner langen und mit Widerhaken besetzten Zunge wird unser einziger „Bodenspecht" auch in größeren Tiefen fündig.

Arznei-Thymian

Feld-Hainsimse

Hasenklee

Gefahr von oben

Höchste Alarmstufe herrscht in der Emsaue, wenn die Rohrweihe langsam und mit eigentümlich schaukelndem Flug flach über dem Erdboden durch die Emsaue patrouilliert. Jungvögel, aber auch Mäuse und Frösche gehören zum Beutespektrum des Greifvogels, der eine Charakterart der Feuchtgebiete ist. Hat die Rohrweihe ihr Opfer erspäht, gibt es kaum ein Entkommen. Blitzschnell lässt sie sich fallen und ergreift das Opfer. Ihr Nest baut die Rohrweihe meist gut versteckt im Schilfröhricht.

▲ *Rohrweihe (links) und Turmfalke (rechts)*

Junge Rohrweihen im Nest

Andere Jagdtechniken hat der Mäusebussard. Oft sitzt er – wenn es sein muss, auch bei Regen – lange Zeit regungslos auf einem Zaunpfahl, um die Beute dann in einem lautlosen Gleitflug zu überraschen. Auch Sturzflüge aus großer Höhe gehören zu seinem Jagdrepertoire.

Meister des Rüttelflugs ist der Turmfalke, neben dem Mäusebussard unser häufigster Greifvogel. In der Luft stehend fixiert er sein Opfer, um es dann im Sturzflug am Boden zu erbeuten.

Mäusebussard

Die Emsaue erfahren

371 Kilometer lang ist die Ems – und damit fast exakt so lang wie der Emsradweg, der sie begleitet. Was aber nicht bedeutet, dass Fluss und Radweg immer gemeinsame Wege gehen. Ganz im Gegenteil. Nur selten führt der Radweg direkt am Fluss entlang. Erst in Niedersachsen hat der Radler die Ems über längere Strecken im Blick. Vorher sind es meist kurze Begegnungen, wenn Brücken den Flusslauf queren oder Radweg und Ems im Bereich von Städten wie Warendorf, Greven oder Rheine ein Stück parallel verlaufen.

Über 3000 Kilometer hat dieses holländische Ehepaar in den Beinen. Bis nach Prag ging die Reise. Der Emsradweg ist die letzte Etappe, bevor es am nächsten Tag nach Hause geht.

Überraschend vielfältig

Lebensräume aus Menschenhand

Rietberger Fischteiche aus der Vogelperspektive

Der Mensch hat nicht nur den Lauf der Ems selbst verändert, sondern den Fluss und seine Aue auch zur Gestaltung ganz neuer Lebensräume genutzt. Das Steinhorster Becken und die Rietberger Fischteiche sind dafür die markantesten Beispiele. Die gemeinhin als „Baggerseen“ bekannten Sandabgrabungen, die den Emslauf über weite Strecken begleiten, fallen auch in diese Kategorie. Im günstigsten Fall hat davon die Tier- und Pflanzenwelt profitiert – auch wenn es immer Eingriffe in einen natürlichen Lebensraum bleiben.

Natur vom Reißbrett

Das ursprünglich als Hochwasserrückhaltebecken angelegte Steinhorster Becken wurde Ende der 1980er Jahre umgestaltet zu einem der bedeutendsten Feuchtgebiete in Ostwestfalen. Ein Wehr staut die Ems permanent an und vernässt so eine über 80 Hektar große Fläche. Kiebitze und andere Wiesenvögel nutzen das Gebiet als Nahrungsrevier. Zu den vielen Brutvögeln gehört seit einigen Jahren der Weißstorch. Im Frühjahr legen hier Watvögel wie der Bruchwasserläufer einen Zwischenstopp ein auf dem Weg in die nordischen Brutgebiete.
Das Gebiet hat auch große Bedeutung für überwinternde Gänse und Silberreiher.

Bruchwasserläufer

Graugänse

Brütende Weißstörche

Ein Hauch von Exotik

Vor den Toren Rietbergs speist das Wasser der Ems 25 Teiche einer ehemaligen Fischzuchtanlage. Die Rietberger Fischteiche sind heute vor allem für Vögel von großer Bedeutung. Teichrohrsänger, Rohrammer und Wasserralle nutzen das Schilfröhricht zur Brut, während Uferschnepfen und Brachvögel aus den benachbarten Emswiesen einfliegen und im Schlamm nach Nahrung stochern.
In den Sommermonaten verwandeln Seerosen die Teiche in ein Blütenmeer.

Süßwassermeduse

Moorfrosch

Selbst Exotik haben die Fischteiche zu bieten: Eine aus Asien stammende Süßwassermeduse hat – wie auch immer – den Weg in die Teiche gefunden. Die Fischteiche wurden in einer vermoorten Niederung angelegt.

Vielleicht ist das der Grund dafür, dass der seltene Moorfrosch hier vorkommt, der sonst eher Moore als Lebensraum bevorzugt. Das Männchen nimmt zur Laichzeit eine blaue Färbung an.

Uferschwalben

Wasserfeder

Talgraben mit Wasserpest

Von Talgräben und Sandgruben

Zu einem artenreichen Lebensraum haben sich die Ende des 19. Jahrhunderts angelegten Talgräben entwickelt, die zwischen Harsewinkel und Warendorf parallel zur Ems entlang der Auenkanten verlaufen. Besonders bemerkenswert: Hier lebt die Helm-Azurjungfer, eine europaweit gefährdete Kleinlibelle. Sie kommt in Nordrhein-Westfalen nur an wenigen Stellen vor.
Eine vielfältige Vegetation mit Sumpfdotterblume, Igelkolben und Unterwasserpflanzen kommt ihr entgegen.

Helm-Azurjungfer

Sumpfdotterblume

Natternkopf

Ästiger Igelkolben

Der Sand, den die Ems vor allem im Eiszeitalter reichlich übers Land geschwemmt hat, ist ein begehrter Baustoff. Sandabgrabungen begleiten auf weiten Strecken den Fluss. Kurzfristig können sie Pionierarten wie Filzkraut, Natternkopf und Grabwespen einen Lebensraum bieten. Über ihren weiteren Wert für den Naturschutz entscheidet die Folgenutzung. Wo Badegäste und Angler die Ufer bevölkern, haben Tiere und Pflanzen einen schweren Stand. Bleiben die Gewässer sich selbst überlassen wie beim Emssee nahe Rietberg, sind die Chancen besser, dass die Natur sich verlorenes Terrain zurückerobert.

Emssee bei Rietberg

Ein ganz spezieller Lebensraum

Sanddünen an der Ems

Etwas verloren wirkt der Dünen-Sandlaufkäfer auf dem gelben Sand. Doch der Eindruck täuscht. Für Spezialisten wie ihn sind die Dünenzüge, die die Ems begleiten, ein idealer und selten gewordener Lebensraum, den es zu erhalten gilt. Ganz ohne Pflegeaufwand geht das oftmals nicht.

Vom offenen Sand zum Kiefernwald

Während der Eiszeiten hat die Ems mit dem Schmelzwasser der Gletscher große Sandmassen verfrachtet. Vor allem zum Ende der letzten Eiszeit vor mehr als 10.000 Jahren verlagerten Stürme den spärlich bewachsenen Boden und wehten ihn zu Dünen auf, die die Umgebung teilweise um 25 Meter überragen.
Später sorgte der Mensch durch Waldrodungen, Plaggenhieb und Schafbeweidung dafür, dass der Sand erneut in Bewegung geriet und ganze Dünen auf „Wanderschaft" gingen. Erst durch Aufforstungen mit der anspruchslosen Kiefer gelang es, den Sand festzulegen. Daher sind heute die meisten Dünen bewaldet.

Die Bodenentwicklung einer Emsdüne führt zu einem Podsol. Podsol ist russisch und bedeutet Ascheboden. Der Regen hat Humus und Eisen aus dem durchlässigen Sand ausgewaschen und in tiefere Schichten verlagert. Hier reichern sie sich an und bilden den rötlich gefärbten Ortstein, der kaum durchwurzelbar ist. Zurück bleibt ein Oberboden, der fahl wie Asche und wenig fruchtbar ist – womit die anspruchslose Besenheide kein Problem hat.

Bis ins 19. Jahrhundert hinein waren die Dünen das Reich der Schafe. Sie konnten den kargen Bedingungen noch etwas abgewinnen. Heute kommen Schafe vor allem als Landschaftspfleger zum Einsatz.
In den Bockholter Bergen bei Greven knabbern sie die Heide ab und verjüngen sie so. Zudem halten sie offene Bereiche frei von unerwünschtem Gehölzaufwuchs.

Besenheide

Glockenheide

Podsol-Bodenprofil

Schafbeweidung in den Bockholter Bergen

Rückzugsgebiete für Überlebenskünstler

Sandtrockenrasen

Offene Dünen sind ein extremer Lebensraum. Wer es hier aushalten will, muss mit Hitze und Trockenheit zurechtkommen. Einige Pflanzen wie der Frühlings-Spörgel blühen und fruchten schon im zeitigen Frühjahr. Wenn die Sommersonne auf den Sandboden prallt, sind sie schon wieder verschwunden. Flechten wie die Rentierflechte können sehr lange ohne Wasser auskommen. Flechten sind Doppellebewesen aus Pilz und Alge. Der Pilz bestimmt das Aussehen, die Alge sorgt für Nährstoffe.

Sandtrockenrasen in den Boombergen

Wildkaninchen

Eine schillernde Persönlichkeit in den Dünen ist der Feld-Sandlaufkäfer. Er liebt Wärme. Dann ist er besonders flott unterwegs. Meist zu Fuß, wenn er kleine Insekten und Spinnen verfolgt. Bei der Jagd helfen ihm seine großen Facettenaugen, mit denen er die Beute genau taxieren kann.

Feld-Sandlaufkäfer

Die Sandsegge treibt unterirdische Ausläufer durch den Sand und „näht" ihn so zu. Eine Arbeit, die das Wildkaninchen gerne wieder zunichte macht, wenn es seine Bauten gräbt. So schafft es offene Bereiche, die für die Pioniere auf Sand wichtig sind.

Sandsegge

Frühlings-Spörgel

Rentierflechte

Fallensteller und Winterschläfer

Die Larve, der Ameisenlöwe…

…und das fertige Insekt, die Ameisenjungfer

Ist er heimtückisch oder nur besonders clever? Der Ameisenlöwe baut im lockeren Sand kleine Trichter. Fällt eine Ameise hinein, bewirft der Ameisenlöwe sie mit Sand. Das so geplagte Opfer rutscht immer tiefer hinab bis zum Trichtergrund, wo es von zwei kräftigen Beißzangen erwartet wird. Eine eigene Art ist der Ameisenlöwe übrigens nicht. Es ist die Bezeichnung für die Larve der Ameisenjungfer, deren Aussehen ein wenig an eine Libelle erinnert.

Viel ehrenhaftere Absichten haben Wildbienen, wenn sie im Sand buddeln. Die Weibchen legen im Frühjahr Gänge an, in denen sich die Brutzellen befinden. Dort deponieren sie Proviant in Form von Pollen und Nektar, damit die aus den Eiern geschlüpften Larven nicht hungern müssen. Erst im kommenden Jahr verlassen die jungen Bienen die Gänge wieder.

Kuckucksbienen machen es sich einfach und legen ihre Eier in vorhandene Gänge. Die räuberischen Larven machen sich über die Vorräte her, die eigentlich nicht für sie bestimmt waren.

Kleiner Vogelfuß

Wildbiene beim Nestbau

Kuckucksbiene

Auch die Zauneidechse mag Sand und Wärme. Wenn sie – wie in den Bockholter Bergen bei Greven – noch Holzhaufen und Wurzelteller als Sonnenbänke und Versteckmöglichkeiten zur Verfügung stehen, dann stehen die Chancen nicht schlecht, dem anspruchsvollen Reptil auf die Schliche zu kommen. Im Mai gräbt das Weibchen eine Grube und legt die Eier hinein, aus denen nach einigen Wochen der Nachwuchs schlüpft. Den Winter verschläft die Zaunechse an einem geschützten Ort.

Zauneidechsen

Wacholderheide in den Bockholter Bergen

Berg-Sandglöckchen

Baumpieper

Tannenmeise

▼ Wacholder

Wurzelwerk einer Buche

Eine piksende Angelegenheit

Die spitzen Nadeln des Wacholders enthalten ätherische Öle und sind selbst dem robusten Schafsmaul etwas suspekt. Aufgrund dieses Konkurrenzvorteils waren Heiden mit Wacholderbüschen im Sandmünsterland und auf den Emsdünen früher weit verbreitet.

Heute gibt es nur noch wenige Reste, entlang der Ems beispielsweise die Bockholter Berge, die Klatenberge bei Telgte oder im Emsland den Wachendorfer Wacholderhain. Baumpieper und Berg-Sandglöckchen sind in diesem Lebensraum ebenfalls zu Hause.

Kiefernforste bedecken seit dem 19. Jahrhundert viele Dünen. Ihr Wurzelwerk unterbindet die damals verbreiteten Sandverwehungen. Das freigelegte Wurzelwerk einer Buche in den Dünen bei Warendorf-Dackmar macht deutlich, welche Kraft der Wind hat.

Der natürliche Bewuchs von Dünen ist ein Laubwald aus Birken, Eichen und Buchen. Schöne Beispiele sind der Buchenwald auf den Dünenkämmen in Warendorf-Dackmar oder der Eichen-Birkenwald in den Wentruper Bergen bei Greven.

Rechts und links der Ems
Natur nicht weit vom Fluss

Oberhalb der Aue schließt sich die große Emsterrasse an. Ihr Untergrund besteht aus dem Sand, den ausgangs der letzten Eiszeit eine weitaus größere Ems auf einer Breite von bis zu 30 Kilometern aufschüttete. Hätte der Mensch die Landschaft nicht verändert, wüchse auf den Emsterrassen heute ein Wald, in dem Buchen und Eichen das Sagen hätten. Stattdessen bestimmen Äcker, Wiesen und Siedlungen das Bild.

Klagende Rufe im Buchenwald

Die Reste der Eichen-Buchenwälder beeindrucken nicht mit bunten Frühjahrsblühern. Sie brauchen bessere Böden als die sandige Emsterrasse ihnen bietet. Aber es gibt Ausnahmen:
Wald-Sauerklee und Schattenblume kommen mit wenig Licht und Nährstoffen aus. Wenn der Untergrund etwas nährstoffreicher ist, kann auch das Buschwindröschen mit einem weißen Blütenteppich den Waldboden überziehen.

Eichelhäher *Schwarzspecht* ►

Der Schwarzspecht baut seine Bruthöhlen fast immer in Buchen, die einen gewissen Stammumfang haben müssen. Klagende „kliööh“-Rufe verraten seine Anwesenheit über mehrere Kilometer hinweg. Eine Schwarzspechthöhle kann über viele Jahre genutzt werden. Die Nachtruhe verbringt unser größter Specht meist in gesonderten Schlafhöhlen.

Spechthöhlen sind bei Nachmietern äußerst begehrt. Ob dies der Streitpunkt zwischen Haubenmeise und Kohlmeise ist, sei dahingestellt. Die Haubenmeise ist im Vorteil: Sie zimmert im Zweifel ihre Höhle selbst, was die Kohlmeise nicht kann.

Schattenblume

Buschwindröschen

Wald-Sauerklee ▼

Hohe Schlüsselblume

▲ *Wald-Gelbstern* *Wechselblättriges Milzkraut*

Anspruchsvolle Begleiter

Die Auen der Nebenbäche, die sich durch die Emsterrasse den Weg zur Ems bahnen, haben teilweise ihren eigenen Charakter. Beispiele sind Mussenbach, Werse oder Walgenbach. Dort wachsen teilweise auch anspruchsvollere Pflanzen wie Gelbstern, Milzkraut und Schlüsselblume. Vor allem die Werse, die in den Kalkhügeln der Beckumer Berge entspringt, sorgt für einen leichten Kalkeinfluss, der sich auch an der Ems widerspiegelt. Davon profitiert die Weinbergschnecke, die den Kalk für ihr Gehäuse benötigt.

Die Blüten des Wald-Geißblatts (Bild rechts) öffnen sich in der Dämmerung und locken mit ihrem Duft nachtaktive Insekten an.

Weinbergschnecke

Die Form der Korallenpilze erinnert an die bizarren Unterwasserwelten der Kalkriffe. Die Steife Koralle bevorzugt festen Boden unter den Füßen. Sie wächst vor allem in Laubwäldern.

Pilze – Bizarre Welten

Tritt man bei einem Waldspaziergang auf den reifen Fruchtkörper des Flaschen-Stäublings, entwickelt sich eine braune Staubwolke aus Sporen. „Schnupftabak des Teufels“ heißt der Pilz deshalb im Volksmund.

Nadelwälder sind die Heimat des Feuer-Schüpplings. Er ist wegen seines bitteren Geschmacks ungenießbar.

Der kleine Ast-Schwindling ist ein winziger Bewohner abgestorbener Äste, den man im Sommer und im Herbst häufig antreffen kann.

Pilze spielen in fast allen Ökosystemen eine ganz entscheidende Rolle. Sie sorgen dafür, dass abgestorbene organische Substanz wieder dem Stoffkreislauf zugeführt wird. Am deutlichsten wird dies in Wäldern. Kein toter Baum oder herabgefallener Ast, an dem nicht ein Pilz sein zersetzendes Werk betreibt.

Die Formenvielfalt der Pilze ist riesig. Nur die wenigsten Arten bilden auffällige Fruchtkörper mit Stiel und Hut, wie wir sie von den bekannten Speisepilzen kennen. Oft sind Pilze nur mit der Lupe zu erkennen. Oder sie bilden so eigentümliche Formen, dass man sie erst gar nicht als Pilz wahrnimmt. Auch die Wälder in der Emsaue, auf der Emsterrasse und auf den Dünen bieten eine Vielfalt an Pilzen, die sich oft nur bei genauem Hinsehen erschließt. Die auf diesen Seiten vorgestellten Pilze stehen stellvertretend für die faszinierende Welt der Pilze rechts und links der Ems.

Der Nebelgraue Trichterling wächst oft gesellig in „Hexenringen“. In Sachen Bekömmlichkeit scheiden sich die Geister: Einige Menschen haben nach dem Verzehr keine Probleme, bei anderen treten Vergiftungserscheinungen auf. Vom Verzehr dieses Spätherbstpilzes ist nach neueren Erkenntnissen abzuraten.

Feldlerche

▼ Feldhase Fasan

Bedrohte Vielfalt

Tiere und Pflanzen der Feldflur

Die Agrarlandschaft zu beiden Seiten der Ems ist monotoner geworden. Die Landwirte stehen unter dem Druck, immer höhere Erträge zu produzieren, um über die Runden zu kommen. Die auch als „Ketten“ bezeichneten Familienverbände der Rebhühner sind heute ebenso selten zu beobachten wie das aus luftiger Höhe vorgetragene Lied der Feldlerche zu hören ist. Beide Vogelarten sind seit Jahren auf dem Rückzug. Sie benötigen Brachflächen und blütenreiche Feldraine, die es kaum noch gibt. Weil auch die Halme auf den Getreidefeldern immer dichter stehen und die Bearbeitungszyklen der Äcker und Wiesen immer kürzer werden, zählen Tiere und Pflanzen der Feldflur zu den Arten, bei denen die Bestandsrückgänge besonders rasant sind.

Selbst der Fasan ist, obwohl Jäger immer wieder für „Nachschub“ durch ausgesetzte Vögel sorgen, längst nicht mehr so häufig wie vor einigen Jahren. Und auch „Meister Lampe“ hat Probleme, sich der modernen Landwirtschaft anzupassen.

Rebhuhn

Die Böden der Emsterrasse sind sandig und von Natur aus nicht sehr fruchtbar. Was heute durch Kunstdünger und Gülle leicht zu kompensieren ist, war für die Landwirte früher ein ausgesprochener Kraftakt. Mit Gras- und Heidesoden, die sie mit der Plaggenhacke stachen, düngten sie die Felder, auf denen sie vor allem Roggen anbauten.
Roggen trifft man heute nur noch selten an. Gerste, Triticale und vor allem Mais haben ihn verdrängt. Blühende Feldraine kommen nur dann zum Zug, wenn der Landwirt beim Spritzen der Felder einen Randstreifen ausspart, was leider viel zu selten der Fall ist.
Dann haben Kornblume, Kamille und Klatschmohn die Chance, ihr faszinierendes Farbenspiel zur Geltung zu bringen.

Kornblume

Saat-Wucherblume ▼ *Blühender Ackerrain*

Entdeckungen am Wegesrand

Eine Fahrradtour auf dem Emsradweg, ein Spaziergang durch die flussbegleitenden Dünen – schon ein Blick auf das, was direkt am Wegesrand wächst, kreucht und fleucht, offenbart manche Überraschung. Wegsäume können sogar Rückzugsgebiete für Arten sein, wenn sie von Dünger oder häufiger Mahd verschont bleiben. Die seltene Heidenelke findet hier manchmal ebenso ein Refugium wie die Dornige Hauhechel oder die Rundblättrige Glockenblume. Genau hinschauen lohnt sich auch bei den apart gezeichneten Blüten des Efeublättrigen Ehrenpreises. Eine eigentümliche Pflanze ist die Nesselseide. Sie windet sich um andere Pflanzen, vor allem um die Brennnessel. Die Nesselseide ist ein Parasit, der selber keine Fotosynthese betreibt und statt dessen die Wirtspflanze „anzapft". Der Volksmund hat dafür den passenden Namen gefunden: Teufelszwirn.

Das Licht der Öffentlichkeit scheut offenbar die Streifenwanze (Bild rechts), die in dem vogelnestartigen Fruchtstand der Wilden Möhre Zuflucht sucht.

Efeublättriger Ehrenpreis

Dornige Hauhechel

Nesselseide

Rundblättrige Glockenblume

Zur Untermiete

„Ackermännchen“ oder „Wippstert“, die Bachstelze hat im Volksmund viele Namen. Sie sucht an Wegen und Wegrändern häufig nach Insekten. Als Halbhöhlenbrüter findet sie in Feldscheunen und Ställen geeignete Nistmöglichkeiten. Ein möglicher Nachbar ist dort der Steinkauz. Die kleinste Eule im Einzugsgebiet der Ems nutzt auch natürliche Höhlen, beispielsweise in Kopfweiden. Bequemer sind aber meist Wohnungen, die der Mensch bewusst oder unbewusst für den kleinen Kauz geschaffen hat. Spezielle Niströhren nimmt er gerne an. Das Umfeld muss aber stimmen. Weiden und Obstwiesen sind für ihn ideale Jagdgebiete, wenn er in der Dämmerung auf Beutefang geht.

Bachstelze

Steinkauz an Brutröhre

Ein Grüner Stern für den Emsradweg in NRW

Flussradwege erfreuen sich großer Beliebtheit. Dass sie oft ohne nennenswerte Anstiege zu bewältigen sind, ist dafür nur ein Grund.
Der Mensch hat die Nähe zum Fluss schon immer gesucht. Es gibt kaum eine historisch bedeutsame Stadt, die nicht an einem größeren Fluss liegt. Vor allem aber bieten Flüsse und ihre Umgebung eine landschaftliche Vielfalt, die sonst schwer zu finden ist. All das trifft auch für die Ems und den Emsradweg zu. Die attraktive Wegeführung, eine sichere Ausschilderung und die gute touristische Infrastruktur haben den Emsradweg zu einem der meist befahrenen Fernradwege in Deutschland gemacht. Der ADFC hat ihn als Qualitätsroute mit vier Sternen zertifiziert.

Der „Grüne Stern" steht für etwas anderes: Die Ems und ihre Aue sind auf weiten Strecken Naturschutzgebiet und Teil des europäischen Schutzgebietsnetzes „Natura 2000", mit dem das europäische Naturerbe geschützt und entwickelt werden soll.
Der „Grüne Stern für den Emsradweg" will dem Radler – aber nicht nur ihm – die Vielfalt und Schönheit der Ems und ihrer Auenlandschaft in Westfalen näher bringen.

Vier Biologische Stationen betreuen in NRW die Schutzgebiete an der Ems. Sie haben sich für das Projekt zusammengetan, um die „Sternstunden der Natur" entlang des Emsradweges in Wort und Bild vorzustellen.
Das vorliegende Buch ist dabei nur *ein* Baustein. Der Radler kann sich per Smartphone direkt vor Ort Informationen abrufen.
Eine von der Fachhochschule Münster entwickelte App ermöglicht dem Radler Einblicke, die ihm sonst vermutlich verborgen geblieben wären. Wer sich zu Hause schon einstimmen möchte, kann dies auf der Website des Projekts tun:

www.gruener-stern-emsradweg.de

Der Grüne Stern ist ein Kooperationsprojekt der Biologischen Stationen Kreis Steinfurt, Gütersloh/Bielefeld, Paderborn-Senne, der NABU-Naturschutzstation Münsterland e.V. und der FH Münster (Labor für Software Engineering). Das Projekt wird von der Bezirksregierung Münster aus Mitteln des Programms für Maßnahmen des Naturschutzes und der Landschaftspflege des Ministeriums für Klimaschutz, Umwelt, Landwirtschaft, Natur- und Verbraucherschutz des Landes NRW gefördert.

EUROPÄISCHE UNION
Investition in unsere Zukunft
Europäischer Fonds
für regionale Entwicklung

Ziel2.NRW
Regionale Wettbewerbsfähigkeit und Beschäftigung

Biologische Station
Kreis Steinfurt e.V.
Tel: 05482 / 9291-0

NABU
www.NABU-Station.de

Biologische Station
Gütersloh / Bielefeld e.V.

Biologische STATION
Kreis Paderborn | Senne

Fachhochschule
Münster University of
Applied Sciences

Labor für
Software Engineeri

Bildnachweis

Ahnfeldt, F.: S. 11 r.;
Barrette, S.: S. 85 u.;
Biologische Station Kreis Steinfurt: S. 88-89;
Bockwinkel, G. (NZO-GmbH Bielefeld): Titel oben, S. 25 u., 72-73, 124-125;
Brinkert, A.: S.6-7, 92, 98 M. 1.v.l.;
Büdenbender, R.: S. 107 r.;
Fischer, C.: S. 74;
Flora Westfalica GmbH: S. 18-19;
Franz, M.: S. 30 u.;
Gelpke C.: S. 156 o.;
Gerharz W.: S. 31 o., 48-49, 78, 86-87
Geschke, S.: S. 132 u.;
Glader, H.: S. 145 o.l., 164 u.r.;
Göcking, C.: S. 10, 70, 105;
Gunka, U.: S. 123;
Habenicht, K.: S. 85 M.;
Haufe, U.: Titel u.l., S. 41 u., 53, 69 o.l., 131 o.l., 133 o.M.;
Hellmund, G., Archiv LWL-Museum für Naturkunde: S. 30 o., 32 o., 68, 69 o., r.;
Israel, T.: S. 63 u.l., u.r., 66-67, 69 u.l., 91 u.r., 118, 120 o.r.m.l., 150;
Kampf, H.-D.: 57 M.l., 59, 128 o., 131 o.r.;
Katz, W.: S. 91 u.l., 97 o.r., 119 u.r.;
Klose, O.: S. 113 u.l.;
Kriegs, J.O.: S. 57 o.r., 85 o.;
Kühle, D.: S. 154-155;
Lakmann, G.: S. 15 l., M.r., u.r., 128 u., 129;
Mantel, K.: S. 28-29, 111 u.r., 143;
NABU-Naturschutzstation Münsterland: S. 33 o., 98 o.2.v.l., 104, 112;
Niepagenkemper, O.: S. 8-9, 16 u.r., 21, 31u., 36 u., 44, 54, 57 u.l., u..r., 58, 60u., 61, S. 69 l. M., 76 u.l., 77 r., 79, 80, 82 o., 84, 101u.r., 102, 103, 114, 115, 121, 141 o.l., 145 l. 3.v.o., 151 l., 156 M., u., 157, 164 o.r., 165
Omert, W.: S. 99 M. 2.v.r., 116;
Pfützke, S.: S. 81 o.;
Kühn, W.: S. 126-127;
Privatarchiv: S. 38 o.;
Sammlung Heimatverein Greven: S. 34 o., 35 u.;
Schäfferling, A.: S. 111 o.r.;
Schärf, U.: S. 81 M.;
Stadt Telgte: S. 62;
Starkmann, T.: Titel u.r., S. 2-3, 12 o., 12 u., 13, 14, 15 o.r., 16 u.l., 17, 18 u.l., 19 o., u.l., u.r., 20, 22, 23, 24, 25 o., 26, 27, 32 u., 33 M., 33 u., 34 u., 35 o., 36 o., 37, 38 M., 38 u., 39, 40, 41 o., 43, 45 o.r., u.r., 46, 47, 52 o., 56, 60 o., 60 M., 63 o., 64, 65, 71, 75, 76 u.r., 77 l., 82 o.l., 82 u.l., u.r., 83, 90, 93, 94-95, 96, 97 außer o.r., 98 außer o. 2.v.l., M.1.v.l., 106-107, 106 o.l., 108, 109, 110, 111 o.l., u.l., 113 oben, 117, 119 o., u.l., 122, 132 o.l., o.r., 133 o.l., o.r., 134-135, 138 außer o., 141 u.l., u.M., r., 142 außer u.r., 144, 145 o.M., l.M., l.u., 146-147, 148-149, 151 o.r., M.r., u.r., 152, 153, 158, 159, 160-161, 162, 163, 164 u., 167
Stemmer, B.: S. 52 u., 55, 81 u., 91 l.o., r.o.;
Steven, M.: S. 45 u.l., 138 o., 142 M., u.r.;
Tüllinghoff, R.: S. 101 l., S. 106 o.r., 120 u.;
Venne, C.: S. 11 l.;
Vorberg, H.: S. 99;
Walter, B.: S. 16 o., 50-51, 100, 101 o.r., 130, 131 u., 133 u., 136-137, 140